AF360945

OBSERVATIONS

SUR LES

MONTAGNES D'AUVERGNE.

(Extrait des ANNALES DE STATISTIQUE, n°. VIII.)

OBSERVATIONS

ÉCONOMIQUES ET POLITIQUES

SUR LA

CHAÎNE DES MONTAGNES

CI-DEVANT

APPELÉES D'AUVERGNE,

Faisant partie des départemens du Puy-de-Dôme et du Cantal ;

PAR le C. BRIEUDE, Médecin.

A PARIS,

DE L'IMPRIMERIE DE VALADE,
RUE COQUILLÈRE, Nº. 404.

AN XI. (1802).

OBSERVATIONS

ÉCONOMIQUES ET POLITIQUES

SUR

LA CHAINE DES MONTAGNES

APPELÉES CI-DEVANT D'AUVERGNE,

FAISANT PARTIE DES DÉPAREMENS DU PUY-DE-DÔME ET DU CANTAL.

1°. Des Forêts et Bois, des Arbres et Arbustes qui les composent ; 2°. des Pacages et des Prairies ; 3°. des Bestiaux, des Bêtes à laine, des Chèvres, des Chevaux, des Mulets et des Anes ; 4°. des Fromages, du Beurre, de leur fabrication, des Burons ou Chalets et des Caves ; 5°. de l'Agriculture, savoir : du Seigle, du Froment, de l'Avoine, du Bled-sarrasin, des Pommes de terre, des Raves ou Turneps, du Chanvre, du Lin, des Légumes ;

6°. des Rivières, des Lacs, des grands chemins ; 7°. des habitans, de leurs mœurs, des Manufactures, de l'Industrie et du Commerce ; 8°. Conclusion ou Résumé.

1°. DES FORÊTS, DES BOIS, DES ARBRES ET DES ARBUSTES.

LA chaîne des montagnes de ces deux départemens s'étend du nord au sud, partie sur le bord occidental de celui du Puy-de-Dôme, partie sur le bord oriental de celui du Cantal. La facilité avec laquelle le bois y croît par-tout, sans culture, persuade aisément qu'elles en ont été couvertes autrefois. Les forêts qui existent encore dans les environs du Mont-d'Or, celles du côté de Pont-au-Mur, près du Puy-de-Dôme ; la forêt de Garde, à quatre lieues de la Dordogne; celle de la Margeride, sur le bord oriental du département du Cantal ; le bois noir, près du Puy-Mary, la forêt du Liorens; au pied de la montagne du Cantal ; le grand nombre de bois appartenans à chaque propriétaire ; les arbres de haute futaie, essence de hêtre ou de chêne, qui entourent par-tout leurs possessions ; enfin, le bord méridional du département du Cantal , où l'on trouve les forêts de Bioudes, de Convos ; les bords de la rivière de Cère , ceux du Lot , etc. couverts de bois ; tout prouve que le bois a été l'unique production primitive de ce sol.

Les communes de Léocam , de Teyssières-les-Boliés, etc. près Aurillac , sont forcées de brûler continuellement le bois qui croit autour d'elles , et d'en faire du charbon. Sans cette destruction , à peine auraient-elles des champs pour cultiver.

Les titres des anciens monastères , situés sur ces montagnes, tels que les abbayes de Lavassin et de Feniés ; ceux des anciens châteaux des ci-devant nobles , fournissent des preuves incontestables des faits ci-dessus.

Aujourd'hui , la surveillance de l'administration forestière, peut réparer avec le tems , une partie de cette dégradation. Je dis une partie, car , quoique la France manque de bois pour la marine , les arts , etc. , il est nécessaire , relativement au département du Cantal , de laisser subsister les pacages pour la plus grande utilité de ses habitans, et même pour l'avantage de la République , ainsi que je l'établirai ci-après.

Je vais indiquer les espèces d'arbres qui se plaisent le plus sur notre sol. Ce détail m'a paru intéresser l'économie politique ; il ne peut, dans cette vue, causer d'ennui.

Le pin, *pinus*, le sapin, *abies*, le melèse, *larix*, et leurs espèces. Ils croissent par-tout dans les vallons comme sur les plaines les plus élevées. Le sapin, sur-tout, croît dans tous les terreins.

Le frêne à fleurs blanches, *fraxinus*, est aussi très – commun dans les lieux les plus froids et les plus élevés ; celui à fleurs rouges est très-rare.

Le chêne, *quercus*, vient facilement dans les vallons qui sont au pied des montagnes ; il reste rabougri sur les lieux élevés. Il en est de même du hêtre, *fagus* ; il n'est beau et abondant que sur le bord méridional du département du Cantal.

On trouve toutes les espèces de cerisiers cultivés dans les hameaux et les villages. Il y en a aussi quelques-uns dans les bois ; c'est le cerisier noir, cet arbre ne doit point cependant être compté comme propre à l'essence des forêts.

Le bouleau, *betula*, se plaît dans les vallées

méridionales du Cantal , dont le terrein est sablonneux et argilleux.

Le châtaignier , *castanea*, croît indistinc- tement sur tout le sol méridional du même département ; son fruit est néanmoins plus gros, plus savoureux dans le bon terrein que dans le mauvais ; il faut l'enter , pour en avoir de bon. On trouve cet arbre dans l'état sauvage dans les bois : on le cultive néan- moins en pépinière.

Le tilleul, *tilia*, se trouve en petite quantité dans nos bois méridionaux ; il est peu en usage ; il y en a de plusieurs espèces.

L'orme, *ulmus*, est plus rare que le tilleul; il ne croît que dans les bons terreins. Le département du Cantal n'en possède que deux espèces , que l'on emploie au charronnage.

Le peuplier, *populus*. Il y en a de trois espèces, qui croissent dans les vallons tem- pérés. Le blanc s'approche un peu plus des hautes plaines ; on reconnaît facilement le tremble à la couleur et au mouvement de ses feuilles. Nous avons deux espèces de peu- pliers noirs, celui appelé peuplier d'Italie à forme pyramidale; il croît très-promptement.

l'un et l'autre se plaisent dans les lieux aquatiques.

L'aune, ou vergne, *alnus.* C'est encore un
arbre indigène du Cantal ; il ne croît que dans
les lieux aquatiques , le long des rivières. Il
s'élève très - haut ; son bois est d'un rouge
brun très-dur. On l'emploie dans la construction des chaussées, et pour des tuyaux pour
conduire l'eau sous terre.

L'érable, *acer*, ou faux sicomore , de la
petite espèce. Il croît dans le bas tempéré de
nos vallons , et se plaît dans les haies et les
taillis.

Le prunelier sauvage, *prunus silvestris.* Il
croît par-tout dans les haies et les bois.

L'alisier, *gratægus.* C'est un arbre d'agré-
ment par ses feuilles, son fruit et son port.
On le fait chercher dans les bois méridionaux,
où il est rare.

Le saule , *salix.* Il se plaît dans les lieux
aquatiques , sur le bord des rivières. On y
trouve toutes ses espèces sous forme d'arbres
ou d'arbustes.

Le bois-genty , *thymelæa.* Il croît dans le
bas des vallons qui descendent du Puy-Mary.

Transporté dans nos jardins, il en fait l'or-
nement.

L'on se plaint depuis longues années que
la France manque de bois. La consommation
en est cependant la même, si elle n'a point
augmenté. Déjà la marine a épuisé le peu que
notre sol lui fournissait ; celui qui est propre
aux arts renchérit chaque jour : il est donc
très-urgent de chercher les moyens qui peuvent remédier à cette disette. La chaîne des
montagnes d'Auvergne offre une ressource
très-abondante, par la facilité avec laquelle
son sol se couvre de bois sans le secours de
l'agriculture. C'est à la surveillance des pré-
fets des deux départemens, et à l'administration
forestière, que doit être confié le soin de hâter
cette reproduction, en encourageant les semis
et les plantations chez les propriétaires cultivateurs. Les mines de charbon de terre y
sont très-abondantes et très-nombreuses ; les
arts mécaniques s'en servent depuis long-tems.
Il serait facile d'en introduire l'usage chez
les particuliers pour les besoins domestiques.

On emploie le chêne, l'orme, le hêtre, le
sapin pour la construction des vaisseaux ; ils
servent pour la coque et pour la mâture.

L'expérience a appris aux marins, que les espèces de bois tirés des pays méridionaux, se conservent mieux et durent davantage à la mer, que ceux des autres climats.

Cette observation prouve la nécessité de conserver les forêts et les bois du département du Cantal, comme pays méridional.

2°. DES PACAGES ET PRAIRIES.

J'ai dit qu'il ne fallait point remettre tout le sol de ces montagnes en forêts : il faut conserver les prairies et les pacages ; on doit même chercher tous les moyens de les augmenter et d'améliorer ceux qui existent. La raison, l'économie politique l'exigent, parce qu'ils sont la principale source de nos richesses.

Le sol élevé et montueux du Cantal, où les brouillards, les neiges et l'abondance des sources se réunissent pour forcer la terre à produire du gazon, a dû nécessairement inspirer au peuple qui l'habite à devenir pasteur.

Ce peuple, pauvre, économe, industrieux, a dû chercher tous les moyens propres à multiplier les bêtes à corne dont le produit pourrait fournir à ses besoins.

Nous élevons une grande quantité de bestiaux, de chevaux, etc. ; nous avons besoin, par conséquent, d'une grande quantité de fourrages pour l'hiver, et d'herbages pour l'été.

Nos montagnes ont été volcanisées d'un bout de leur chaîne à l'autre, c'est une des causes de leur fertilité. Elles sont couvertes de gazon à l'est et à l'ouest, depuis leur sommet jusqu'au bas des vallons. Le Puy-de-Dôme doit néanmoins être excepté ; il est presque stérile sur toute sa surface, et ses alentours ne sont propres qu'à la culture des grains.

Les prairies fournissent les fourrages d'hiver ; elles sont situées dans les vallons ou dans les plaines qui sont au bas des montagnes. Elles environnent les fermes, afin qu'on puisse les cultiver et exploiter avec facilité.

Voici la manière dont on rivaille les près. Je vais la donner dans le plus grand détail, parce qu'elle pourrait être utile à d'autres départemens.

Le fourrage des prés situés dans le haut

de nos vallons est de meilleure qualité que celui des prairies basses. Il en est de même du foin des prés secs et un peu élevés ; le foin en est meilleur que celui des prés bas et humides : il faut néanmoins supposer que les prairies reçoivent une certaine quantité d'eau pour être arrosées.

L'art de bien placer les rases dans un pré est d'une grande importance pour leur fertilité. Il faut poser en principe, que toute la surface du pré doit être arrosée, au moyen des rases et rigoles. Il y en a de quatre espèces : 1°. les grandes rases qui portent l'eau d'un bout du pré à l'autre, autant que cela est possible. Si le pré est d'une certaine étendue, elles doivent être à 40 pieds de distance l'une de l'autre. Il part de celles-ci des branches secondaires, qu'on appelle rigoles ; elles sont presque parallèles aux rases d'où elles sortent. Les troisièmes rigoles sont des petites branches qui sortent des secondes, à angles droits ; elles forment quelquefois des pattes d'oies ; elles sont de la plus grande utilité : on les rapproche plus ou moins, suivant la quantité d'eau qu'on veut porter sur une portion de pré.

Il y a en outre des rases ou canaux de
décharge, pour évacuer les eaux croupissantes,
car l'eau ne doit s'arrêter nulle part ; si elle
croupit, elle nuit au pré.

Il ne suffit point d'avoir fait connaître la
manière dont on doit distribuer les eaux ; il
faut savoir arroser à propos.

Dès que les gelées ont cessé, que la douceur
du printems commence à se faire sentir, il
faut arroser. On doit arrêter l'eau et cesser
d'égayer les prés, lorsque la plante commence
à pousser, et qu'elle est déjà à une certaine
hauteur, parce qu'elle reçoit plus de l'atmos-
phère que des sources. Il faut aussi arroser
légèrement le regain, parce que la pointe de
cette herbe tendre ne peut supporter l'eau.

On remettra l'eau dans les prés en automne,
aussitôt que le bétail les a quittés. L'eau de
cette saison est la meilleure ; elle charie beaucoup d'engrais.

On doit laisser plus ou moins l'eau sur
une partie de pré, selon qu'elle est plus ou
moins bonne.

On ne doit point arroser pendant la gelée ;
l'arrosage est aussi nuisible quand il y a des
fortes rosées.

Il est pareillement dangereux d'arroser pendant les fortes chaleurs, parce qu'on trouble la transpiration des plantes ; l'eau qui arrose pour lors est plus chaude, à certaines heures de la journée, que la sève de la plante.

Il faut que les prés neufs soient bien arrosés ; les rigoles doivent être dirigées, et plus ou moins multipliées, suivant la pente du terrein.

Un agriculteur instruit doit être très-scrupuleux sur la qualité des eaux, lorsqu'il a différentes sources à sa disposition ; car s'il n'avait qu'une fontaine ou un ruisseau pour arroser, il serait forcé d'en user, l'eau fût-elle de mauvaise qualité, parce qu'il pourrait la corriger, en y délayant des engrais.

On reconnaît les bonnes sources aux marques suivantes. Lorsque le cresson, la berle, *apium palustre foliis oblongis*, et autres plantes aquatiques croissent sur leurs bords, on voit à leur surface la mousse aquatique, ou *conferva*. Les pierres et le gravier sur lesquels l'eau coule, sont couverts de limon grisâtre : on trouve le limon noirâtre brunâtre détrempé et déposé par couches ou en masse sur les bords du lit formé par l'eau dans sa course.

Voici à quoi on connaît les eaux maigres ou de mauvaise qualité. Lorsque l'eau sort d'un pré arrosé, elle est maigre, et n'est plus aussi propre à arroser le pré dans lequel elle entre.

Les fontaines dont la source n'est pas profonde, sont ordinairement de mauvaise qualité ; elles sont trop chaudes en été, lorsqu'elles ne tarissent pas, et trop froides en hiver ; la gelée les arrête.

Les ruisseaux ou torrens provenant d'inondations, sont peu propres à fertiliser les prés ; ils les couvrent de sable, de pierres, etc. dans leurs débordemens.

L'eau produite par les neiges fondues ou les glaces, est nuisible : les cultivateurs instruits la détournent des prairies. L'eau de puits serait pareillement mal-saine.

Lorsqu'on a des eaux dures, crues, calcaires, mal-saines, il faut les corriger par le mélange du bon fumier ou du terreau, si l'on a l'un ou l'autre à sa disposition, et en assez grande quantité. Il est plus avantageux, souvent, de porter les engrais dans les prés que dans les champs.

Les pacages sont au contraire presque tous

situés sur les montagnes ; l'herbe qu'ils produisent y croît sans le secours de l'art. Elle
est la seule nourriture de la vacherie pendant
la belle saison.

On appelle vacherie, un certain nombre de
vaches destinées à faire des veaux et à donner
du lait. On appelle montagne, le terrein qui
nourrit la vacherie, où sont le chalet qu'on
appelle *buron* dans le pays, les caves à placer
les fromages, et les loges à cochon qu'on y
élève. Ces montagnes sont quelquefois dans
la plaine ou dans le haut des vallons ; leur
étendue varie suivant leur fertilité.

Il y a encore une autre espèce de pacage
qu'on exploite différemment. Ces pacages ne
sont attachés à aucune ferme ; on les loue
tous les ans, au commencement de floréal,
aux bouchers de Lyon et des villes des départemens voisins, qui y conduisent des bœufs
et des vaches, vieux, pour les engraisser pendant l'été.

Le lys, *lilium* ; la renoncule, *ranunculus* ;
les joncs, *juncus*, croissent abondamment
dans les prairies du bas des vallons de la plaine
d'Arpajon, ce qui diminue la qualité du foin.
Quoiqu'on les fauche deux fois, outre les

premières et dernières herbes, qu'on abandonne aux bestiaux , leur fourrage n'approche
point de celui des prairies du haut des vallons ,
qui n'est composé que de graminées et de
plantes aromatiques. La fougère femelle, *filix
ramosa* ; la nielle, *nigella* ; le serpolet, *ser-
pillum* , nuisent beaucoup aux prés de nos
terreins sablonneux.

Les cultivateurs montrent beaucoup d'in-
telligence dans la distribution des eaux pour
l'arrosement des prés de la plaine d'Arpajon ;
ils font des rases ou rigoles , dans lesquelles
ils placent des petites écluses de distance en
distance, qui arrètent l'eau pour être versée
sur le gazon. Ils en pratiquent d'autres qui
sont sans écluses , pour faciliter l'écoulement
des eaux marécageuses et stagnantes. Ces
moyens sont insuffisans ; il faudrait dessoler
entièrement ces prés , et les labourer ensuite.
Les propriétaires ne peuvent se résoudre à ce
sacrifice, et le mal reste.

La distribution des sources qui naissent sur
les montagnes, serait le moyen le plus efficace
de les améliorer et de les augmenter. Ce
travail doublerait au moins le produit du sol.
Il faudrait qu'il fût dirigé par les ingénieurs

des ponts et chaussées , et que le gouvernement fît une avance de fonds suffisans, qu'il
recouvrerait ensuite peu à peu par les impositions annuelles ; il placerait ses avances fort
avantageusement , parce qu'en augmentant les
revenus des habitans , il pourrait , sans les
gêner , augmenter leurs contributions.

Lorsque le Roussillon appartenait aux rois
d'Arragon , ils avaient fait construire au bas
des Pyrénées - Orientales des réservoirs im-
menses, au moyen desquels on distribuait l'eau
descendant des montagnes , très - avantageusement dans les plaines, qui ne souffraient jamais, par ce moyen, de la sécheresse. Il serait
à souhaiter qu'on fît le même travail dans
les vallons du Cantal.

Ce sol, couvert de brouillards , chargé de
neige la majeure partie de l'année , conserve
assez d'humidité pour exciter une végétation
rapide dans les lieux où les sources manquent,
lorsque la belle saison arrive. La couche de
terre végétale , que l'on trouve suffisamment
épaisse jusques sur les sommets les plus élevés,
qui est par-tout couverte de plantes de toute
espèce , confirme cette vérité.

Je le répète d'après ma connaissance certaine : ce pays montueux , dont le climat est rude et variable, n'est propre qu'à élever des animaux herbivores , et ses habitans doivent être pasteurs. On y contrarie ridiculement la nature en y encourageant l'agriculture , comme on le pratique depuis environ douze ans. Cette source de richesse, presque invariable , équivaut aux productions des départemens les plus fertiles de la République. On en trouverait facilement la preuve , en comparant dix années de produit de quelqu'un de ces départemens avec celui du Cantal.

Je ne puis finir mes observations sur les pacages , sans parler d'une plante qui leur porte un préjudice considérable. On augmenterait leur produit de plusieurs millions , si on pouvoit la détruire ; c'est la gentiane à fleurs jaunes. Cette plante pousse dans la terre une racine pivotante de la longueur d'un double décimètre; sa tige droite est encore plus longue. Ses feuilles , larges et longues, ressemblent à celle du plantain. Les plus larges poussent à la sortie de terre ; elles s'étendent horisontalement, et couvrent environ un double décimètre de gazon, sur lequel elles se collent , de sorte qu'elles le privent de l'influence des rayons solaires. Ce gazon, ainsi *étiolé*, est perdu pour les bestiaux, qui, abhorrant les feuilles de gentiane à cause de leur amertume, se gardent bien de les soulever pour manger l'herbe qui est dessous ; elle couvre entièrement les terreins qui lui plaisent, elle en occupe ordinairement une grande étendue, parce qu'elle multiplie beaucoup. Ce n'est que vers la fin de l'été, lorsque les feuilles et la tige ont séché, que les animaux profitent du gazon intermédiaire.

3°. DES BESTIAUX, DES BÊTES A LAINE, DES CHÈVRES, DES CHEVAUX, DES MULETS ET DES ANES.

Des Bestiaux.

Un grand nombre d'auteurs ont écrit sur l'agriculture vers la fin du siècle dernier ; il en a paru un plus grand nombre depuis le commencement de l'ère républicaine ; tous y ont ajouté leurs opinions sur les bêtes à cornes. Aucun n'a fait connaître la population, l'éducation et l'utilité de celles de nos montagnes : ils n'ont parlé que des vaches laitières, élevées dans les departemens où on laboure avec des chevaux ou des mulets, et ce pays comprend plus des deux tiers de la France. Les productions des montagnes de la ci-devant province d'Auvergne n'ont jamais été connues du gouvernement sous leur véritable point de vue ; de sorte que ce pays n'a jamais atteint le degré d'amélioration dont il est susceptible, d'où il a résulté une double perte pour ses habitans et le gouvernement.

La quantité de bêtes à cornes que nous élévons est prodigieuse, eu égard à l'étendue du département du Cantal ; il n'y a que les départemens du Doubs et du Jura qui se rapprochent de nous par cette branche d'éducation.

Nous considérerons ici ces animaux sous les deux rapports ; 1°., de leur produit; 2°., de leur utilité, sous le point de vue d'économie politique.

Voici comme ils sont distribués. Nous avons des grandes et des petites fermes ou métairies; ces dernières sont composées de deux ou trois paires de bestiaux de labour, bœufs ou vaches, suivant la qualité du terrein, et de quelques vaches laitières; le lait de ces dernières alimente la famille du fermier et fournit du beure aux communes du voisinage. Les veaux que ces vaches nourrissent ; remplacent les bestiaux de labour et les vieilles vaches ; on en envoie très-peu à la boucherie : au lieu que dans les pays où on laboure avec les chevaux et les mulets , on les sacrifie presque tous aux boucheries. Voilà déjà un premier aperçu de notre population.

Nos grandes fermes sont composées de cinq ou six paires de bœufs de labour et d'une vacherie.

(J'observerai ici , que l'on attèle nos bestiaux de labour par les cornes , au moyen du joug , ce qui les fatigue beaucoup plus que si ont les faisait tirer par le col et les épaules avec le collier).

La vacherie est composée depuis trente jusqu'à quatre-vingt vaches; au-dessus , elle serait d'une exploitation trop difficile ; au-dessous , la quantité de lait de chaque jour ne suffirait point pour rendre la pâte du fromage uniforme et de bonne qualité.

Il y a en outre cinq ou six jumens poulinières, quelques poulains , quelques jeunes chevaux et mulets; ces derniers sont nourris, pendant l'hiver , avec les restes du foin que les bestiaux rebutent.

Les vaches ne font aucun travail ; elles sont destinées à produire des veaux. Leur lait fournit les fromages et le beure que nous vendons aux départemens méridionaux.

Des Taureaux étalons.

On donne l'étalon aux vaches pendant leur séjour sur la montagne, à peu près à l'époque qui s'accorde avec le tems de leur gestation, pour que celle-ci finisse à la fin de l'hiver ou au commencement du printems.

Il serait inutile de décrire la forme et les proportions que doit avoir un beau taureau étalon, Buffon et beaucoup d'autres naturalistes nous en ont données de très-exactes.

La taille, les belles formes, l'âge, la vigueur et la santé du père et de la mère, contribuent à la beauté de la progéniture parmi les animaux. L'expérience apprend en même tems que le climat et la nourriture influent beaucoup sur la production ; cela est du moins très-sensible sur les bêtes à cornes. Que l'on transporte de belles vaches de Salers, dans les vacheries du Cantal, ou dans les petites fermes, leur production ne sera plus aussi belle, on ne reconnaîtra plus la race primitive après quelques générations. Que l'on conduise, au contraire, quelques vaches de la chétive espèce sur les montagnes de Salers, ou même dans les pacages dont la nourriture soit meilleure que celle du sol où elles sont nés, elles y deviendront fortes, robustes et méconnaissables. Qu'on laisse leurs productions sur les mêmes pacages, elles y acquerront la beauté des animaux originaires du pays.

Pendant le séjour des vaches à la montagne, l'étalon vit en liberté parmi elles. Le vacher ferait beaucoup mieux de le faire paître séparément et de ne le livrer qu'à celles qui seraient en chaleur. Il ne tourmenterait point inutilement celles qui ne le sont point, ni celles qui sont déjà pleines.

Dans les pays de labour avec les chevaux ou les mulets ; ceux qui tiennent des étalons, les nourrissent avec soin, sur-tout du tems de la monte ; ils leur donnent de l'avoine, du son, etc. Ils n'en est pas de même dans le Cantal ; lorsque les vaches sont descendues dans les fermes, l'étalon vit dans la même étable, de même que les bœufs de labour ; il y est tranquille ; les vaches, se trouvant pleines, ne le stimulent plus. Le froid de l'hiver contribue aussi à tempérer son ardeur. On le dompte, vers l'âge de quatre à cinq ans, pour servir au labourage et au charroi. Ce dernier est borné, au plus loin, à dix ou douze lieues ; nos bœufs ne voyagent jamais plus loin.

On sacrifie un tiers des veaux aux bouchers, avant qu'ils aient atteint l'âge de deux mois ; on élève le surplus jusqu'à l'âge de trois ans ; on les vend pour lors aux départemens méridionaux et autres. Une grande partie va repeupler le département des Deux-Sèvres, et il ne serait pas difficile de prouver que nos jeunes bestiaux se répandent sur tous les anciens départemens de la république, à l'exception de ceux qui composent les ci-devant provinces de Bretagne et de Normandie. Sous ce point de vue, nos montagnes sont l'unique pépinière qui vivifie les premiers.

On dompte les taureaux à l'âge de deux, trois, quatre ans ; on les faits labourer jusqu'à sept, huit ans ; on les vend ensuite aux départemens de l'Allier, de la Creuze, de Sône et Loire, etc., où ils continuent de labourer jusqu'à l'âge de douze ans et plus.

La vacherie est nourrie , pendant l'hiver, avec le foin des prairies. On fait *déprimer* les prairies par les vaches au commencement du printems. L'expérience a appris que la pointe de l'herbe tendre , cautérisée par les gelées blanches , eût resté sans pousser , si la morsure des vaches n'eût emporté ce qui était brûlé.

Nos bestiaux forment trois races très-distinctes par leur corsage , leurs couleurs , et sous d'autres rapports. Celle des montagnes de Salers et des environs est la plus belle. Ces derniers bestiaux ont tous le poil roux ; leur taille est plus haute , leur quarrure, leurs membres sont plus forts. La seconde espèce est celle des environs du Mont-d'Or ; la couleur de celle-ci est d'un beau noir , avec des marques blanches et larges , à peine y trouve-t-on une bête à poil roux ; elle est pareillement bien membrée et de belle taille. La troisième , et la plus chétive , est celle du Cantal ; son poil est fauve. Les pacages doivent influer sur les vaches ; car les belles vaches de Salers , transportées sur la montagne du Cantal , y dégénèrent. Les fermiers de la plaine d'Arpajon , ainsi que ceux du bas du vallon de la rivière de Cère, quoique peu éloignés du Cantal, nourrissent des bestiaux de labour aussi beaux que ceux de Salers. A la vérité, les rivières de Cère et de Jourdane arrosent leurs prés et leurs pacages, d'une manière si avantageuse, qu'elle rend leur fertilité égale aux meilleurs pacages des montagnes de Salers.

Il résulte de ce qui a été dit ci-dessus, que nous élevons une quantité considérable de taureaux et de génisses, connus, dans le pays, sous le nom de *doublons* et de *terçons ;* c'est-à-dire, âgés de deux et trois ans ; nous vendons un nombre considérable de vieilles vaches, qu'on conduit à l'engrais dans les pacages de graisse du département de Puy du Dôme, dont il a été question ci-dessus. Nous vendons pareillement beaucoup de bœufs de labour, que nous fournissons aux divers départemens qui nous avoisinent ; enfin, les jeunes veaux, dont nous privons nos vaches pour avoir plus de lait, vont à nos boucheries avec les bœufs qui leur sont nécessaires. Voilà un point d'utilité qui doit rendre notre sol précieux au gouvernement, car il ne pourrait nous remplacer.

Des Bêtes à laine.

Il y a deux espèces de bêtes à laine dans le département du Cantal ; l'une, qui est indigène, l'autre qui n'y reste que momentanément pour y être engraissée.

Les bêtes à laine indigènes sont presque toutes de la plus petite espèce ; la plupart sont noires, leur laine est grossière et jarreuse ; elles en fournissent très-peu ; on les tond tous les ans au commencement des grandes chaleurs, de même que les agneaux. On ne lave la laine qu'après la tonte ; on les loge dans des étables peu aérés hiver et été, ce qui les fait beaucoup souffrir. On est dans l'usage de les traire dès que les agneaux sont en état de paître, afin d'avoir quelques petits fromages.

Les habitans des campagnes font filer chez eux ces mauvaises laines pendant l'hiver ; ils en font faire du drap dont ils s'habillent, ainsi que leurs domestiques, sans les faire teindre : le drap brun sert pour les habits, et le blanc pour les vestes et les gilets. Il serait malheureux qu'on établît des manufactures dans ce département surchargé d'impositions ; les entrepreneurs acheteraient leurs laines brutes pour les leur vendre manufacturées, ce qui serait une sorte d'imposition dont le gouvernement doit les préserver.

Il y a des races métis dans quelques cantons, formées avec des béliers issus de belles races des départemens du Lot ou de l'Aveyron et les brebis du pays. Elles sont en petite quantité. Ces races sont blanches ; leur laine est meilleure, et chaque bête en fournit une plus grande quantité.

Vers le milieu de ventôse, au commencement de mars, les marchands du Lot et de l'Aveyron conduisent à Aurillac, chef-lieu du département du Cantal, aux marchés qui s'y tiennent chaque semaine, des troupeaux de moutons, pour y être engraissés dans les prairies qui bordent les rivières des environs. Ces animaux prennent de la graisse en très-peu de tems. Les particuliers qui les ont achetés les tondent au commencement de prairial, et les vendent à la foire du 5 prairial. On conduit ces animaux aux boucheries de Montpellier, Aix, Marseille et Toulon; les laines qu'ils ont laissés dans le pays sont d'assez belle qualité : on les emploie à fabriquer des camelots, des razes et autres étoffes légères.

Les fabricans de couvertures de laine de l'A-
veyron , achètent aussi de ces laines pour leurs
fabriques.

Il y a une plaine à l'est de la montagne
du Cantal qu'on appelle Planèse, très-fertile
en seigle , quoique très-élevée, où l'on élève
beaucoup de bêtes à laine. On les fait parquer
pendant six ou sept mois. Le parcage fertilise
les champs , et donne en même-tems de la
finesse à la laine : cet exemple n'a jamais été
imité par les communes voisines. Je fis autrefois parquer du côté occidental, à quatre
lieues de la montagne ; je ne persuadai personne. Mon établissement fut détruit peu de
tems après que j'eus quitté le pays, par l'entêtement des métayers.

Je ne pense point que l'on doive encourager l'éducation de ces animaux : leur mul-
tiplication ne peut point être avantageuse ; peut-
être même serait-elle nuisible à celle des bestiaux.
Ce serait aussi , selon moi , une fausse spéculation de vouloir perfectionner nos bêtes à
laine , en y introduisant la race espagnole ou
celle des Pyrénées - Orientales. A coup - sûr ,
l'essai se ferait en pure perte ; et s'il réussissait ,
il serait nuisible à la classe la plus précieuse

des habitans , le peuple , auquel on ferait connaître un luxe qu'il ne pourrait soutenir.

Je laisse aux artistes vétérinaires le soin de toutes leurs maladies. La meilleure manière de les rendre sains , serait de les faire parquer pendant les saisons convenables , et de les tenir sous des hangards pendant le gros de l'hiver.

Des Chèvres.

La classe indigente des habitans de la campagne , et même les fermiers et les métayers nourrissent des chèvres, dans les cantons sablonneux et arides du département du Cantal. Cet animal , facile à nourrir , est d'une grande ressource pour alimenter une famille. La chèvre donne beaucoup de lait ; son lait est nourrissant , parce qu'il abonde en parties caséeuses et butireuses. L'époque de la famine augmenta beaucoup leur nombre. Avec une chèvre , un père et une mère préservaient leurs enfans de la faim ; ils les rassasiaient avec de la bouillie de farine de seigle. Je connais un hameau où il n'y a pas trente feux , où j'ai compté près de 200 chèvres. Le nombre en a diminué de la moitié depuis. Les petits fromages et le

beurre qu'ils en retirent leur donne un bénéfice suffisant pour satisfaire d'autre besoins
du ménage.

Cet animal est docile ; il s'apprivoise facilement ; il est sensible, au point de se placer
lui même sur le berceau de l'enfant pour qu'il
le téte.

Le fromage de Roquefort est fait avec le
lait de chèvre et celui de brebis. Personne
n'ignore que c'est le meilleur des fromages
connus.

Cet animal ne se plaît point à paître ; son
goût naturel le porte à brouter : elle quitte
l'herbe des prairies pour aller brouter les haies
et les jeunes arbrisseaux. Légère de sa nature,
elle se cabre contre ces derniers, dont elle
dévore les jeunes pousses jusqu'à l'écorce de
la tige. Les habitans des campagnes croient
sa morsure mauvaise, parce que le bourgeon
qu'elle a arraché ne repousse plus ; il est certain qu'elle dégrade considérablement les haies
et les jeunes arbres.

On aura de la peine à se persuader que les
jeunes chevreaux, rôtis, sont aussi bons que
les agneaux ; cela est cependant certain. Les
habitans de la commune de Milhau, dépar-

tement de l'Avèyron , viennent acheter leurs peaux , dont ils font du parchemin : c'est une petite branche d'exportation.

La chèvre détruit les bois qu'elle peut atteindre ; c'est donc un animal destructeur. Elle nourrit le pauvre et sa famille ; son utilité compense-t-elle le mal qu'elle fait ? Il faut en conserver une certaine quantité dans le mauvais pays ; car il vaut mieux favoriser la population que la végétation.

Des Chevaux.

Les chevaux sont, après les bestiaux et les fromages, la production la plus lucrative du département du Cantal. Ceux du département du Puy-de-Dôme sont petits , faibles et de peu d'utilité.

Les chevaux du Cantal sont forts et vigoureux ; ils durent long-tems, pourvu qu'on ne commence à les monter qu'à l'âge de cinq ans. Ils n'ont point assez de taille ni de quarrure pour remonter la cavalerie. Ils seraient encore moins propres pour le labourage , ou le service de l'artillerie. Ils sont très-bons pour la remonte des dragons , des hussards , et de toute espèce de cavalerie légère ; aussi l'ancien régime ne les employait qu'à cet âge. Elevés dans un pays montueux, où les chemins sont pierreux et difficiles, ils ont le pied léger et les mouvemens lians. Ils approchent des races limousine et navarroise : quoiqu'un peu plus matériels, ils en ont le feu et la vivacité. On a observé que ceux qui ont été nourris dans les prairies basses et marécageuses, avaient les paupières grasses et les yeux souvent lunatiques.

J'ai vu des étalons arabes et andalous donner de très - belle progéniture dans les environs des communes d'Aurillac et de Mauriac.

On peut estimer la production totale du Cantal par le nombre de chevaux qu'on voit aux foires de Maillargues, d'Aurillac, de Mauriac et de St-Flour ; leur nombre est très-considérable.

L'on demande aujourd'hui s'il serait plus avantageux de continuer à laisser couvrir les jumens au hasard par les jeunes poulains qui vivent avec elles dans les pacages, ainsi qu'on le pratique depuis la révolution, ou de rétablir les haras comme dans l'ancien régime ? Les fermiers et les métayers du pays penchent pour la liberté de l'étalonage, afin d'épargner le droit modique qui y était attaché. Les propriétaires éclairés par l'expérience, desirent le rétablissement des haras; l'introduction des beaux étalons dans le pays a toujours produit des belles races : l'entêtement des fermiers et des métayers est fondé sur l'intérêt pécuniaire. Lorsqu'il n'y avait point de haras, ils faisaient couvrir leurs plus belles jumens par le baudet, afin d'avoir des mulets, qu'ils vendaient aux Espagnols à l'âge d'un an. La taille de la mère donnait un prix plus considérable au *muleton*, par l'espoir qu'on avait qu'il aurait un jour la même taille. Lorsque les haras existaient, les jumens d'une certaine taille étaient réservées pour l'étalon, et les petites pour le baudet. On ne pouvait vendre le poulain provenu du cheval qu'à l'âge de trois ou quatre ans ; ce qui retardait le profit du fermier.

On déterminait le nombre de jumens que chaque étalon devait couvrir chaque printems ; on ne pouvait même lui en présenter qu'un certain nombre chaque jour, afin de ne point l'épuiser. Par ce moyen, le père conservait plus long-tems ses forces, et la mère n'était plus tourmentée lorsqu'elle avait conçu.

Je n'ai parlé ici que des chevaux de monture, parce que, jusqu'à ce jour, le Cantal n'a point fourni d'autre production. Il me semble néanmoins qu'on pourrait tenter un établissement d'étalons flamands ou de chevaux du Holstein. Il faudrait y joindre en même-tems un certain nombre de jumens de la même race, afin que le croisement n'abâtardît point l'espèce future. Une pareille entreprise serait digne des vues profondes du citoyen ministre de l'intérieur.

Les chevaux du Cantal, nourris dans les pacages humides et gras, sont sujets aux maladies des yeux. Leur constitution est phlegmatique, humorale ; ils sont sujets à avoir les paupières grasses, épaisses, fluxionnaires; ils ont souvent des taies sur la cornée transparente ; d'autres sont lunatiques.

Les habitans du pays, que nous appelons Espagnols parce qu'ils sont membres des deux sociétés établies en Espagne, dont il sera question ci-après, achètent volontiers ces chevaux, qui resteraient incurables dans le Cantal.

Ils les conduisent dans les climats chauds de l'Espagne, où ils ne mangent que de l'orge et de la paille d'orge hachée ; l'influence du climat et l'espèce de nourriture les guérissent et leur rendent presque toujours la vue.

Des Mulets.

Les mulets d'Auvergne ont donné lieu à un proverbe qui dérive de leur entêtement. Il n'y a que le département du Cantal qui se soit livré, de tems immémorial, à multiplier ces espèces d'animaux.

Les départemens méridionaux, depuis celui du Var jusqu'au Pyrénées, labourent et font tous leurs charrois avec des mulets que nous leur vendons. Les Catalans viennent aussi , depuis la révolution, les acheter aux foires d'Aurillac et de St.-Flour. Le département de l'Aveyron leur en fournit aussi beaucoup.

On a toujours un baudet de la belle espèce dans chaque haras, afin d'avoir des mulets de belle taille. Les plus beaux venaient du département des Deux-Sèvres. Cet animal est originairement d'Arabie et des pays chauds; il a été transporté de ces pays en Europe

3 *

Cette race a beaucoup dégénéré en France.
On peut en juger par ceux que l'on trouve
dans les départemens de la Corrèze et du
Cantal , qui en envoient beaucoup dans les
départemens du Var et des Bouches-du-Rhône;
ils sont très-petits. J'ignore quel moyen emploie le Poitou pour conserver la belle race
de baudets qu'il nous fournit.

Buffon a dit : « L'âne avec la jument pro-
» duit les grands mulets ; le cheval avec l'ânesse
» produit les petits mulets, différens des pre-
» miers à plusieurs égards ». Je ne puis être
entièrement de son avis ; l'âne avec la jument
produit chez nous de grands mulets, lorsque
la jument est de belle taille; l'âne produit de
petits mulets, lorsque la mère est petite. Nous
ne connaissons point les productions du cheval avec l'ânesse ; je ne puis, par conséquent,
rien prononcer sur cet accouplement. Quant
à la différence de nos grands mulets aux petits,
il n'y a que celle de la taille.

Le mulet est fort et vigoureux ; il a la
marche très - assurée ; il lui arrive rarement
de broncher, même dans les chemins et les
sentiers pierreux et escarpés ; il soutient de
très - longues routes , portant des fardeaux

considérables sur le dos ; il est dangereux,
lorsqu'il est en chaleur , pour les voyageurs
à cheval. Ceux qui le soignent et qui le conduisent sont souvent victimes de ses caprices ;
il les mord ; ou il leur détache une ruade
dans les momens où ils ne s'en méfient point.

Les mules de la grande taille servent d'at-
telage aux rois d'Espagne et aux grands sei-
gneurs de la cour. Elles ont les allures et les
mouvemens aussi lestes que ceux de nos meilleurs chevaux normands. On les nourrit avec
de l'orge et de la paille hachée ; elles sont
d'un naturel fort doux.

Des Anes.

Moniteur du 24 germinal an 10.

Rapport du ministre de l'intérieur aux Con-
suls , du 17 germinal. — « Nous avons envoyé
» moins de bestiaux en Espagne en l'an 9.... »
Ce ministre a été mal instruit ; la République
n'envoie point de bestiaux en Espagne : si
cela était , le département du Cantal les four-
nirait ; aucun autre département du Midi ne
peut faire cette dépense. Nous ne faisons passer
chez les Espagnols que des jeunes muletons

d'un an ou deux tout au plus. Nos jeunes bestiaux restent dans l'intérieur de la République.

On élève des ânes sur le bord méridional du département du Cantal et dans le département de la Corrèze ; ils sont de taille moyenne ; les ânesses sont couvertes au hasard par les mâles du pays. On en vend une partie aux départemens du Var et des Bouches-du-Rhône, où l'on ne connaît point d'autre monture, à cause de la rareté des fourrages. On connaît la sobriété de cet animal. Les plantes qu'il préfère croissent en abondance dans ce climat brûlant.

Son naturel doux et tranquille le rend propre à tous les travaux proportionnés à ses forces. Sa marche, sûre et uniforme, le fait chérir des voyageurs ; il ne peut cependant soutenir les longues routes.

L'art de guérir emploie fréquemment, et avec succès, le lait d'ânesse.

4°. DES FROMAGES, DU BEURRE, DE LEUR FABRICATION, DES BURONS OU CHALETS, ET DES CAVES.

Des Fromages.

Afin de mettre dans tout son jour cette branche importante de nos productions, il est nécessaire que je revienne sur les pacages et sur les vacheries.

Les pacages d'été, que nous appelons *montagnes*, sont la partie de terrein qui nourrit la vacherie pendant tout l'été ; elle peut être située sur les côteaux, dans les vallons, sur les plaines, n'importe ; elle conserve toujours le même nom. Ces montagnes sont divisées en herbages ; un herbage est l'étendue de terrein suffisant pour nourrir une vache pendant tout l'été. La totalité des herbages, composant la montagne, doit nourrir, non-seulement la totalité des vaches, mais en outre les étalons, les veaux, les jumens, etc. Chaque herbage a plus ou moins d'étendue, suivant sa fertilité. La montagne est divisée en trois parties ; l'une fournit la pâture de la vacherie du matin ; l'autre celle du soir ; elle parque et couche sur la troisième, attachée à des piquets : on y traît les vaches le matin avant leur départ; elles s'y rendent à midi pour s'y faire traire; on y revient encore le soir à leur retour. Le parc pour les veaux, la loge pour les cochons, sont sur le même local, ainsi que le chalet et la cave.

Du Chalet et de la Cave.

Le chalet ou buron, est le logement du vacher et de ses aides. Il y a tous les ustensiles propres à la fabrication des fromages; c'est là où l'on porte le lait de chaque traite pour le faire cailler. On y conserve aussi dans des baquets le petit lait qu'on retire du caillé et de la *toume*; il s'y aigrit, et en s'aigrissant il fournit le beure, ainsi que je l'expliquerai plus bas.

La cave est contigue au buron ; elle est ordinairement creusée en terre, afin qu'elle soit plus fraîche : elle a peu d'élévation hors de terre ; elle est couverte en chaume ou en ardoise schiteuse grossière, de même que le chalet. Cette pièce est très-essentielle pour bonifier les fromages et le beure ; elle retarde la marche de la fermention acide vers la putridité ; car la bonté de toute espèce de fromage disparaît à proportion qu'il se pourrit.

Le sel commun est nécessaire à nos bestiaux ; il entretient leur santé ; il doit par cette raison rendre fécondes nos vaches. Il est plus nécessaire à ces animaux pendant l'hiver pour aiguiser leur appétit , lorsqu'on leur donne la paille de seigle mêlée avec le foin , ou lorsqu'on est parvenu au foin de mauvaise qualité.

Le sel est encore indispensable pour la salaison des fromages et du beurre. Les montagnes de la ci-devant Auvergne ont joui, dans tous les tems , du franc - salé par cette raison. La quantité qu'il en faut est immense ; si par une mesure générale , ou pour quelqu'autre motif, le gouvernement se détermine à y mettre un impôt , il portera un préjudice irréparable aux deux sources principales de nos revenus. Ce département mériterait une exception , afin de pouvoir payer la masse des autres impositions dont il est accablé. Il ne me parait point démontré qu'en finance , un impôt doive être toujours général ; il y a des localités qui s'y opposent souvent impérieusement. Envain me répondra-t-on qu'on pourra augmenter le prix

des fromages en proportion ; le débit en souf-
frirait. Si le gouvernement s'occupait des moyens
proposés pour perfectionner la fabrication des
fromages , l'impôt pourrait pour lors être assis
sans danger.

Il est fort singulier qu'il faille employer plus
de sel pour les fromages des chalets couverts
en ardoises, que pour ceux des chalets couverts en chaume ; il en faut aussi une plus
grande quantité pour les fromages des montagnes basses , que pour ceux des montagnes
hautes. Ceux qui en ont le moins de besoin,
sont ceux où les vaches mangent beaucoup
d'une espèce de *gramen* très-dur , peu subs-
tanciel en apparence , connu , dans le pays ,
sous le nom de *poil de bouc* ; les vaches ont
peine à le mâcher.

On appelle *fourme* nos gros fromages ; ils
pèsent de cinquante à soixante livres. Il faut
trois cents écuellées de lait pour faire une
fourme de cinquante livres ; cette quantité
varie néanmoins suivant la qualité de la nourriture , ou le peu de tems qui s'est écoulé depuis que la vache a vêlé. Le lait est mis dans
de grands vaisseaux de bois ; on le fait cailler
avec la présûre , aussi-tôt qu'on l'a trait , sans

le faire chauffer ; il est caillé dans l'espace de deux heures ; on sépare le caillé pour le mettre dans un moule de bois ou éclisse ; on le presse avec les mains ; on le retourne souvent pour faire égouter et sortir le petit lait ; on le transporte ensuite dans un autre vase de bois appelé *gerle* ; on le laisse aigrir pendant quarante-huit heures : cette pâte se boursoufle et devient persillée ; on la coupe alors avec un couteau de bois, en gros morceaux ; on les entasse dans un moule de bois, entouré d'un cercle de la même matière ; on le pétrit avec les mains et on le sale en même tems. Quand la *fourme* est pétrie et formée, on la met sous un pressoir pendant quelque tems, afin de finir d'exprimer le petit lait ; on la porte ensuite à la cave.

Si on sale trop le fromage, il se brise et prend un mauvais goût ; si on ne le sale point assez, il se boursoufle ; et si on le fait voyager pendant les chaleurs, il prend un mauvais goût, différent du premier. Si le vacher ne sait point son métier ; s'il ne connaît point la qualité de l'herbage de la montagne qu'il va exploiter, laquelle donne un lait plus ou moins caséeux, il manque sa *campagne*, au grand préjudice du fermier ou du propriétaire.

Les *fourmes* sont rondes dans leur circonférence, et plates dans leur base et leur hauteur : elles ont ordinairement un pied de diamètre et dix pouces de hauteur ; leur croûte se forme et devient solide pendant leur séjour à la cave ; elle est de deux à quatre lignes.

Les trois quarts des fromages et les meilleurs se font sur la montagne, où ils passent l'été. On les descend à la fin de vendémiaire. On les porte directement dans les caves des marchands, après les avoir pesés. L'expérience a appris à ces derniers à distinguer la qualité des fromages de chaque propriétaire par celle du sol de la montagne ; ils en font l'emplette sans les voir.

Lorsque les vaches sont descendues, à la fin de vendémiaire, elles donnent encore, quoique pleines, un peu de lait, dont on fait des fromages. Elles en donnent beaucoup au printems, après qu'elles ont vêlé. On en fait aussi des fromages, quoiqu'il soit très-séreux à cette époque. On appelle fromage de graisse, ces deux dernières espèces ; elles sont d'une qualité inférieure, et se conservent moins long-tems.

Afin d'avoir plus de lait ; on fait téter deux vaches par le même veau, auquel néanmoins on n'abandonne qu'un mamelon de chacune. Le *vacher* ou le *bouteiller* se saisissent des autres mamelons, aussitôt que la vache laisse couler son lait.

La qualité des pacages a fixé la quantité de livres de fromage que chaque vache doit rendre. Les vacheries de Salers rendent deux quintaux, deux cens livres par vache ; celles du Cantal, et de beaucoup de montagnes des bas des vallons, ne rendent que cent vinq-cinq à cent cinquante livres par vache.

Les fromages des petites vacheries sont d'une qualité inférieure, parce qu'elles ne rendent point assez de lait pour cailler tous les jours, ce qui nuit à leur bonté.

Nos fromages ne peuvent être transportés pendant les chaleurs des jours d'été ; ils ne peuvent supporter la mer. Dans les climats chauds, leur bonté ne dure point une année entière, même conservés dans les caves de la communes de Murat, qui sont les plus fraîches du département. Voici d'où cela dépend. Leur conformation trop haute hâte la fermentation ; la manière de les saler porte plus de sel sur une partie de la *toume* que sur l'autre ; les vases et les moules ne sont point tenus assez proprement ; on devrait les laver plus souvent.

L'espèce de fromage appelée *parabels* de dix ou douze livres, que l'on fabrique dans les montagnes de Salers et du Cantal, conservent plus long-tems leur bonté, parce que leur forme plate, la même que celle du Gruyère, facilite moins la fermentation.

Le fromage de Hollande est fait, à la vérité, presque sur les mêmes principes que celui du Cantal ; il conserve néanmoins plus long-tems sa bonté, et on l'emploie dans le service de la marine. En voici les raisons : le lait est plus butireux. Les Hollandais en expriment plus fortement le petit-lait, ce qui le rend plus ferme et empêche qu'il ne s'aigrisse aussi facilement. Ils le salent en dehors avec du sel blanc très-fin ; ils font tremper leurs fromages dans le petit-lait salé, après qu'ils l'ont fait mouler : par ce moyen, la salaison est plus égale, et la croûte plus dure et plus ferme.

On fit venir, en 1724, des vachers suisses dans le Cantal pour faire du Gruyère. Cet essai réussit parfaitement. L'intendant de la Généralité qui l'avait fait exécuter vint à changer ; l'établissement fut oublié. Il n'a plus été imité depuis ; l'on ne le connaît que par tradition.

En attendant que le gouvernement veuille le rétablir pour le service de la marine, les propriétaires des vacheries devraient faire donner à leurs gros fromages la forme plate de leurs *parabels*, qu'ils conserveraient dans leurs caves jusqu'à la fin de l'été ; pour lors ils les enverraient vendre, dans les pays méridionaux, plus avantageusement, parce que leur bonté se serait conservée. S'ils ne veulent point hasarder tous les fromages de l'été sous cette forme plate, qu'ils en essayent un quart, un sixième ; cette première expérience les déterminera certainement pour l'avenir. Ils feraient beaucoup mieux s'ils voulaient changer toute la manipulation de la fabrication, et adopter celle du fromage cuit, qui est celle du fromage de Gruyère.

Les mites, *acarus caseosus*, portent un grand dommage aux fromages du Cantal ; les différens moyens qu'on a employé jusqu'aujourd'hui pour les détruire, ont été sans succès. On les en préserverait, si au lieu de mêler le sel à l'intérieur avec la *toume*, on voulait frotter le fromage à l'extérieur avec le même sel, de même qu'on le pratique pour le Gruyère et en Hollande.

Nota. On trouve dans le volume 3e. partie 1re. des Arts et Métiers de la *Nouvelle Encyclopédie*, l'art de faire des fromages, par M. Desmarets. Il commence par les fromages d'Auvergne. Il est essentiel pour moi de remarquer que ce volume n'a été imprimé qu'en 1784. Je fus reçu en 1781 à la ci-devant Société Royale de Médecine, et je présentai à ma réception la topographie de la Haute-Auvergne, qui fut imprimée dans les volumes de cette Société, en 1782, par conséquent deux ans avant l'ouvrage de M. Desmarets. Il arrive cependant que nous rapportons les mêmes faits sur les différentes races de nos bestiaux et sur la fabrication de nos fromages.

Nous différons sur les *chabrilloux*, et sur les fromages du Mont-d'Or. Les chabrilloux sont faits avec un mélange de lait de chèvre et de lait de vache. Ceux qui viennent des environs de Salers ont la forme et la grandeur d'une petite soucoupe à café : on en fait d'autres avec les mêmes laits dans le vallon de

Thiesat, situé au pied du Cantal. Ces derniers sont plus larges et plus épais ; ils ont
quatre ou cinq pouces de diamètre, sur huit
ou dix lignes d'épaisseur : les uns et les autres
sont d'un goût exquis. Ils se consomment
dans le département.

Quant aux fromages du Mont-d'Or, leur
forme est la même que celle des fromages
du Cantal ; ils n'en diffèrent que par le poids,
par la fabrication et par les lieux de leur
débit.

Leur poids est de dix à vingt livres au
plus ; leur fabrication est des plus insalubres :
à peine sortent-ils du chalet, qu'ils sont puans
et d'un goût piquant ; leur croûte est épaisse,
gluante et rougeâtre. On les transporte dans
la plaine du département du Puy-de-Dôme,
dans les départemens de la Creuse, de l'Allier
et de la Nièvre ; ils ne paraissent jamais dans
nos départemens méridionaux.

Lorsque M. Desmarets était occupé à tracer
les cartes savantes des laves des volcans du
Mont-d'Or et du Puy-de-Dôme, il dut gémir
de voir la belle vacherie de *Couadon*, composée d'environ 100 vaches de la plus belle
espèce, nourries dans des pacages abondans

au pied du Mont-d'Or, ne donner du lait que pour fabriquer des fromages détestables et mal-sains.

Du Beurre.

J'ai déjà dit que l'on faisait du beurre, dans les petites fermes, avec le lait de quelques vaches laitières qu'on y nourrit ; c'est avec la crême que l'on retire de dessus le lait qu'on le fait ; elle se ramasse à sa surface par le seul repos. Lorsqu'on en a ramassé une asse grande quantité pour faire une livre ou deux de beurre, on la bat jusqu'à ce qu'elle ait abandonné sa sérosité ; on la lave quelquefois avec de l'eau fraiche. Lorsqu'elle est assez ferme, on y ajoute quelques grains de sel, et on lui donne une forme triangulaire de la longueur de sept ou huit pouces, semblable à la graine de fayan. Ce beurre est fort doux et d'un bon goût. Il peut se conserver pendant un mois, pourvu qu'on le tienne dans un lieu frais ; si on veut le conserver plus long-tems pour l'usage de la cuisine, il faut le faire fondre, et le saler davantage.

Le beurre fourni par les vacheries , se

fabrique en grandes masses ; le premier est extrait du lait, et celui-ci du petit lait.

Il y a dans chaque buron huit ou dix baquets pour ramasser le petit lait à mesure qu'il se sépare des fromages ; on l'y laisse long-tems afin qu'il s'aigrisse. Il se couvre, en s'aigrissant d'une couche d'écume, qui devient chaque jour plus épaisse ; c'est la crème qui sert à faire le beurre. Dès qu'il s'en est formé une certaine quantité dans chaque baquet, on la ramasse dans un vaisseau de bois qu'on nomme *sillon* ; on la bat avec une spatule jusqu'à ce que la partie butireuse prenne de la consistance et se sépare de la partie séreuse. On continue ce travail pendant quelque tems, en y versant de l'eau fraîche de tems en tems, qu'on renouvelle jusqu'à ce qu'elle sorte limpide, ce qui prouve que le beurre est débarassé des parties sereuses ; pour lors on y met le sel. Il en faut deux fois autant que pour le fromage, c'est-à-dire qu'un coin de beurre de vingt-cinq livres reçoit autant de sel qu'une *forme* de cinquante livres.

On appelle *coin* les masses de beurre qu'on appelle motes en Normandie, dans le dépar-de la Seine-Inférieure, à Gournay.

4*

On observe les mêmes proportions, dans les montagnes basses que dans les montagnes hautes, du beurre relativement au fromage, c'est-à-dire que l'on sale davantage les fromages des montagnes basses, et que l'on doit augmenter , dans la même proportion , le sel nécessaire au beurre.

Dans les montagnes basses , dont le buron est couvert d'ardoise, il faut avoir soin d'enlever plus fréquemment la crême de dessus la surface du petit lait ; sans cette précaution , elle s'amincit et se sèche ; elle devient dure et coriace , et n'est plus propre à faire du beurre.

Le beurre prend la couleur d'un jaune foncé, au lieu que celui des petites fermes reste blanc ; il est âcre et salé lorsqu'on le descend de la montagne; il est entièrement recouvert de feuilles de gentiane , ce qui contribue à augmenter son âcreté ; le peuple des communes du Cantal le préfèrent au beurre doux. Il prétend qu'il fait mieux cuire leurs légumes et que le bouillon en est plus nourrissant. On ne l'exporte point dans les départemens méridionaux ; il est con-sommé dans le pays, sur-tout chez les fermiers. A la vérité la quantité n'est pas considérable; elle est à peu près dans la proportion d'un à vingt avec le fromage. Cette production ne mérite point l'attention du gouvernement sous le rapport commercial.

5°. DE L'AGRICULTURE ; savoir : DU SEIGLE, DU FROMENT, DE L'AVOINE, DU BLED-SARRASIN, DES POMMES DE TERRE , DES RAVES ou TURNEPS, DU CHANVRE , DU LIN, DES LÉGUMES.

Du Seigle.

Le seigle, *secale*, est le grain que l'on cultive le plus généralement ; il est la nourriture ordinaire des habitans des campagnes et du peuple des villes du département ; on le sème en automne et au printems. On appelle ce dernier *bled de mars*. On a tort de croire qu'il est une variété de l'autre ; ce n'est que le même grain qu'on peut semer dans les deux saisons. Les semailles de l'automne sont les plus considérables. Il croît dans les bonnes terres comme dans les mauvaises ; l'écorce du grain est plus épaisse dans ces derniers; la farine en est plus bise, et rend plus de son.

On en fait des gros pains ronds , épais de

cinq ou six pouces, dont la croûte est très-dure. Ils se conservent pendant trois à quatre mois en hiver ; la mie en est brune. Il tient le ventre libre ; il est très-sain, lorsqu'on y est habitué. Les Norwégiens et les Danois cultivent le seigle ; ils préparent leur pain à-peu-près comme nous ; il sert de biscuit aux matelots. Il serait à souhaiter que le gouvernement en introduisît l'usage dans la marine française. Son goût aigrelet le rend anti-scorbutique : il remédierait à la constipation, si familière et si nuisible aux marins.

La culture de ce grain est nécessaire à nos montagnes ; il faut l'y conserver.

Du Froment.

Nous avons très - peu de terres propres à la culture du froment. Ce n'est que dans les terreins calcaires, gras, qu'il réussît : nous en avons très-peu dans le bas de nos vallons ; le climat paraît d'ailleurs trop froid pour cette plante. Les bords des départemens de l'Aveyron et du Lot, qui nous avoisinent, nous en fournissent d'ailleurs assez, et à un bon prix. Le méteil qu'on y cultive rend le ventre paresseux ; le peuple du Cantal le redoute par cette raison.

De l'Avoine.

On cultive deux espèces d'avoine, *avena alba*, *avena nigra*, la grosse et la menue : on appelle cette dernière *pied de mouche*. L'avoine grosse ne croît que dans les bonnes terres propres au froment ; on la sème en janvier et février, et même en octobre ; son écorce est brune d'un côté et blonde de l'autre ; la balle est de la même couleur. On fait de la bouillie avec du lait, et le gruau : cet aliment est très-sain. On en recueille très-peu. Elle ne suffit point pour les chevaux des voyageurs. Le *pied de mouche* vient dans les terres maigres, sablonneuses ; son grain est menu, sa balle est brune et barbue ; elle n'est d'usage que pour les chevaux : on en donne aussi aux bestiaux malades.

Du Bled-Sarrasin.

L'on cultive autant de bled - sarrasin, *fagopirum*, que de seigle. On le sème à la fin de floréal et au commencement de prairial.

On le recueille en vendémiaire ; sa farine sert à faire des gâteaux d'un pied de diamètre, et d'un demi-pouce d'épaisseur, qu'on appelle *galettes*. On en fait aussi de plus minces, auxquels on a donné le nom de *crêpes*. Pour les faire, on délaye de la farine dans de l'eau ; on y ajoute un peu de sel : on laisse fermenter le tout près du feu pendant trois ou quatre heures : on a un plateau de tôle assis sur un trépied, qu'on chauffe sur un feu doux ; on le graisse avec du beurre ou du lard ; l'on y étend une suffisante quantité de la pâte ci-dessus, pour en former la galette : lorsque la pâte est grillée légèrement d'un côté, on la retourne pour la griller de l'autre ; l'une et l'autre opération est finie en deux minutes. On n'a jamais pu parvenir à faire du pain avec la farine de ce grain, pure ou mêlée. Les habitans du pays sont passionnés pour ces galettes. Lorsque la récolte du sarrasin manque, le peuple des campagnes souffre.

On ignore l'époque où la culture de ce grain a été introduite dans ce département ; il est le seul, excepté celui de la Corrèze, qui le cultivent, de ceux qui nous environnent. Il est malheureux que ce peuple ait contracté cette habitude. Cette plante y est très-casuelle : le vent du midi, la chaleur dessèchent sa fleur ; les matinées fraîches, les gelées blanches la font périr aussi. Les vents impétueux de l'équinoxe d'automne font tomber le grain ; de sorte qu'il est rare qu'on obtienne une bonne récolte : aussi, lorsqu'elle réussit, on obtient 40 et 50 pour un.

Cette plante épuise la terre. Toutes ces raisons, fondées sur l'expérience, me font desirer qu'on en abandonne la culture, et que l'on s'attache à des plantes moins casuelles, telle que la pomme de terre.

De la Pomme de terre.

L'on a commencé à cultiver très-tard la pomme de terre, *solanum esculantum tuberosum*, dans notre département. Ceux de la Haute-Loire et de Rhône-et-Loire, qui nous sont limitrophes à l'est, s'en nourrissaient depuis long-tems, sans que leur exemple nous eût tenté ; nous nous croyons heureux avec le bled noir : enfin, sa culture a été adoptée depuis dix ou douze ans, par certains cantons du Cantal. Je l'ai moi-même introduit sur la frontière du Cantal contiguë au département de la Corrèze , où on la multiplie chaque jour. Il faut espérer que son utilité et son abondance feront renoncer au bled noir. Une plante propre à nourrir l'homme et les animaux , que la grêle et les orages ne peuvent atteindre , mérite certainement la préférence sur le grain le plus casuel que l'on cultive. Il n'est point de fermier assez borné pour ne point voir tous les avantages qu'il peut en retirer en la cultivant.

Des Raves ou Turneps.

Les départemens de la Corrèze et de la Haute-Vienne cultivent la rave , *rapa sativa rotunda*, en plein champ et en grande culture. Leur terrein sablonneux lui est très-favorable ; ils en nourrissent leur vaches laitières, à qui cette nourriture fait donner plus de lait que toute autre ; ils engraissent leurs bœufs avec cette plante, dont ils leur donnent abondamment ; ils leur font avaler en même-tems chaque jour, pendant trois ou quatre mois, une grosse boule de pâte de seigle : lorsqu'ils sont gras , ils les envoient vendre aux marchés de Poissy ; c'est une branche de commerce pour ces deux départemens.

Les cantons du Cantal limitrophes de la Corrèze sont sablonneux , assez fertiles en seigle ; ils cultivent la rave dans leurs jardins , qui y réussit. L'exemple de la Corrèze ne leur a jamais servi : contens d'employer à leur ménage les raves qu'ils récoltent , ils n'ont point pensé à engraisser leurs bœufs , en cultivant cette racine en plein champ.

La rave croît aussi facilement dans les jardins des vachers , sur la montagne ; elles sont plates et rondes , blanches en dehors et en dedans : elles sont d'un bon goût cuites dans le bouillon , sous la cendre et dans les ragoûts. J'en ai vu qui pesaient huit ou dix livres.

Du Chanvre.

Le chanvre , *cannabis* , est généralement cultivé dans les communes , les villages et les hameaux de nos vallons méridionaux , occidentaux et du nord ; il n'est point d'habitant qui n'en sème plus ou moins. Après l'avoir récolté , chacun le fait rouir , le broie , le serance et le file. Toutes ces opérations sont l'ouvrage des femmes ; lorsque le fil est prêt, on le donne aux tisserands du pays, pour faire des toiles passablement fines avec le fil du chanvre femelle, et les grossières, avec le fil du chanvre mâle. Les marchands des départemens de l'Hérault, du Tarn et de l'Aveyron viennent aux foires du printems acheter les toiles grossières, qu'ils portent à Toulon et à Marseille pour la voilure de la marine ou pour les chemises des matelots ; on porte le surplus dans les départemens de l'Aude, des Pyrénées-Orientales, et jusqu'en Espagne, où ces toiles sont pareillement employées pour faire du linge au peuple.

Cette branche de production fournit du linge, à peu de frais, à toutes les classes des habitans du Cantal, car il en est peu qui usent des toiles manufacturées ; elle fait en outre une branche de commerce, qui est soldée en argent, qui aide à pourvoir à d'autres besoins, ou à payer une portion des impôts.

Ce serait un grand malheur, qu'il s'établît des manufactures de toile dans ce pays, quand même elles fabriqueraient de belles toiles avec le même fil, et qu'on les vendrait au même prix que les toiles faites par les tisserands du pays. La raison en est évidente ; le manufacturier achèterait le chanvre brut des habitans , et le leur vendrait manufacturé ; ces derniers rendraient donc au manufacturier le prix du chanvre brut , plus, le prix de la main-d'œuvre ; ils perdraient en même-tems le prix de leur filature.

Du Lin.

Chacun sème un carreau de lin ; *linum sativum vulgare* , dans son jardin-potager. La toile qu'on en fabrique , quoique plus fine et plus blanche que celle qu'on fait avec le chanvre mâle , est néanmoins médiocrement belle ; on doit sans doute l'attribuer à la manière dont on le fait rouir , dont on le broie , dont on le peigne. Quoiqu'on fasse des dentelles à Aurillac et dans les hameaux des environs , on n'emploie point le lin du pays ; on fait venir ce fil de Lille , département du Nord.

Le lin de la commune de Thiesat , au pied du Cantal , celui qu'on récolte dans la haute plaine de Lartence , aux environs d'Achon et de Condat, approche beaucoup ; pour la finesse et la longueur des fils , du beau lin de Flandre et de la République Batave.

Cette récolte est consommée dans le pays, et ne donne lieu à aucune exportation.

Des Légumes.

On cultive tous les légumes qui sont en usage dans toute la République ; ils sont trop connus pour en faire mention. Je ne parlerai que du choux , *brassica* , et de ses espèces ; chacun en cultive une quantité considérable. Les habitans aisés, les jardiniers cultivent les choux-pommes , les choux-fleurs ; ils ne sont point parvenus à les conserver pour en manger dans tous les mois de l'année ; ils en ont tout au plus pendant huit mois. Ceux que les habitans des campagnes cultivent sont toujours verds , et ne pomment point. Il y en a de deux espèces ; la plus commune n'a qu'un demi-pied de tige, garnie de feuilles plus ou moins larges autour. On coupe le choux pour le manger. J'ai vu des vachers cultiver, dans leurs jardins sur la montagne, une espèce de chou qui s'élève à la hauteur de trois ou

quatre pieds ; il porte des feuilles larges , qui
alternent depuis le bas jusqu'au haut de la
tige ; ils coupent ces feuilles avec des ciseaux ,
de manière qu'ils laissent intacte la tige du
milieu , afin que la feuille repousse ; ils les
font cuire dans leur soupe , ou les mangent
en salade , après les avoir fait cuire légèrement
dans l'eau.

6°. DES RIVIÈRES, DES LACS ET DES GRANDS CHEMINS.

Des Rivières.

Nous avons nécessairement dans la chaîne
de nos montagnes ; autant de rivières que de
vallons ; elles sont presque toutes peu considérables. La Dordogne est la plus forte ; elle
sort du Mont-d'Or , et va se jeter dans la
Garonne au Bec-d'Ambès , où elle perd son
nom. Elle coule de l'est à l'ouest dans le
vallon du Mont-d'Or ; elle tourne ensuite au
sud pendant environ 15 lieues , et fait la séparation du département du Cantal d'avec celui
de la Corrèze : elle reçoit dans son cours toutes
les rivières qui descendent des vallons qui

naissent du contour du Mont-d'Or , au sud
et à l'ouest, ainsi qu'une partie de celles qui
viennent des montagnes de Salers et de la
haute pleine intermédiaire entre ces derniers
et le Mont-d'Or , la rivière de St.-Thomas ,
la Bertane , etc.

Presque toutes nos rivières coulent du nord
au sud , ou de l'est à l'ouest. Une seule ,
l'Alaignon , prend sa direction vers le nord à
travers le vallon du Liorens , et va se jeter
dans l'Allier.

A l'extrémité du vallon de Thiesat , au pied
du Cantal , est un point de séparation remar-
quable. La rivière de Cère y prend sa source
d'une fontaine qui lui donne son nom, d'où
elle descend vers le midi, et va se jeter dans
la Dordogne à 15 lieues de là. Elle reçoit
dans sa course la rivière de Jordane. La rivière
d'Alaignon , au contraire , sort à trente pas
de la rivière de Cère , d'une autre fontaine :
elle prend son cours au nord , traverse les
vallons du Liorens et de Massiac , et va se
jeter dans l'Allier près de la commune de
Lempde. On est surpris de ne voir sortir
aucune autre rivière de ces montagnes , ayant
sa direction vers le nord.

La rivière de Bresons va se jeter dans celle de Trueyré, et cette dernière dans le Lot.

Le seul lac que je connaisse est celui de *Coucudou*, à l'est du Mont-d'Or, sur la haute plaine ; il est très-poissonneux.

Des Grands Chemins.

Nous avons des grands chemins qui nous conduisent dans tous les départemens environnans. Il paraît que les ingénieurs qui les ont tracés ont pris pour centre la commune d'Aurillac. Il y en a deux qui traversent les deux extrémités de nos montagnes, dans la direction du sud au nord : on leur a fait, néanmoins, décrire un courbe, afin qu'ils rencontrassent plusieurs communes. L'un passe à Vic en Carlades, à Murat, à St.-Flour, à Massiac, et finit à Clermont-Ferrand, chef-lieu du département du Puy-de-Dôme, où aboutit la grande route de Paris. Il n'est pas fini, de Vic à Murat, ce qui arrête les rouliers qui partent de Clermont - Ferrand. Le second décrit à gauche une courbe, dans la direction du nord - ouest, et se termine pareillement à Clermont-Ferrand ; il passe par les communes de Mauriac, Bord, Tanves et Rochefort; cette route est la plus fréquentée, quoique très-mal entretenue. Ce pays montueux a nécessité des côtes très-longues : quelques-unes sont des chefs-d'œuvre, depuis Mauriac à Rochefort; on en compte quatorze depuis Aurillac à Mauriac. Ces dernières sont détestables par la pente trop rapide qu'on leur a donnée. Beaucoup de rouillers les ont abandonnées par cette raison, ce qui porte un grand préjudice au commerce d'importation et d'exportation du Cantal. Il serait à souhaiter que le Ministre de l'intérieur fût instruit du bien qu'il pourrait faire à notre département et à celui du Puy-de-Dôme, en faisant rectifier une partie des pentes trop rapides.

Le troisième part dans la direction de l'ouest, et va finir en ligne directe sur les confins du département de la Corrèze, au hameau de Teulet. De là à la commune de d'Argentat, on trouve cinq lieues d'un ancien chemin impraticable pour le roulage : le commerce avec Tulle, Limoges, Bordeaux, est nul par cette raison. Si ce chemin était ouvert, les départemens méridionaux, l'Hérault, le Var, les Bouches-du-Rhône pourraient commercer avec la Haute-Vienne, les Deux-Sèvres, la Vendée, etc.

Le quatrième est dirigé vers le sud-ouest; il est beau et fréquenté; il va aboutir aux grandes routes de Montauban, de Toulouse, de Perpignan, de Bordeaux et de Bayonne. C'est par-là que se font toutes nos exportations, et que nous recevons nos importations; il est la source de nos richesses.

Les habitans des départemens méridionaux, depuis Perpignan jusqu'à Bayonne, sont obligés de se rendre à Toulouse pour y prendre les voitures publiques, lorsque des affaires les appellent à Paris. Ces voitures passent les unes par Montpellier, Lyon, Moulins, ou par la Bourgogne : les autres passent par Limoges et Orléans. Les unes et les autres font un détour considérable, qui retient long-tems les voyageurs en route. En jetant un coup-d'œil sur la carte de la France, on voit que de Toulouse à Paris, la ligne directe traverse le département du Cantal : on rendrait donc un service important aux voyageurs, en rendant praticables nos grands chemins. Ils épargneraient les frais de route, les désagrémens des auberges, et ce qui est souvent plus précieux ; la perte du tems. Il en résulterait en même-tems un bénéfice pour le commerce, si les rouliers pouvaient tenir cette route.

7°. DES HABITANS, DE LEURS MŒURS, DES MANUFACTURES, DE L'INDUSTRIE ET DU COMMERCE.

Des habitans et de leurs mœurs.

Les habitans de la campagne, pasteurs ou agriculteurs, sont forts et robustes. Ils doivent cette constitution au climat rude et variable, à leurs travaux et à eur nourriture ; ils se nourrissent d'alimens simples et grossiers ; la famille et les domestiques vivent à la même table, le chef du ménage à leur tête. L'eau pure est leur boisson ordinaire ; le cidre, la bierre leurs sont inconnus. Le fermier seul se permet le dimanche d'aller au cabaret boire du vin, parce qu'il va à la commune entendre la messe. Ils mangent du pain de seigle dont la couleur est d'un rouge brun, et d'un goût aigrelet ; à peine sort-on un peu de son de la farine. Les gâteaux de farine de sarrasin sont un mets friand pour eux. Leur potage est fait avec des choux ou des raves, qu'on fait cuire avec du beurre frais et une forte dose de sel : on remplace quelquefois le beurre avec de la graisse de porc. Ils mangent de la soupe trois fois par jour. On leur donne quelquefois du lait, qu'ils mangent avec la galette ; ils n'usent jamais de viande de boucherie ; ils ne se permettent qu'un peu de lard au pot le dimanche, car ils le chomént régulièrement, ainsi que leurs fêtes : rien n'a pu leur faire abandonner leur culte, pas même le tems de la terreur. Ils aiment beaucoup les châtaignes ; elles font presque toute leur nourriture pendant quatre mois de l'hiver.

Ils ont pris du goût pour les pommes de terre depuis quelques année. Cette racine, très-salubre, leur sera utile.

L'habitude de conduire des animaux dont la marche est lente, la forme du sol, où il faut monter ou descendre continuellement, leur fait contracter la même lenteur dans leur marche.

Leurs mœurs sont bonnes. Ils sont bons maris, bons pères, bons parens, assidus à leurs travaux, même les plus rudes.

Ils labourent mal, leur charrue est défectueuse. Ils ne connaissent point la herse.

Les classes du peuple des grandes communes ou villes, exercent des arts mécaniques. Ils se nourrissent de lard et de viande de boucherie. Ils sont portés à l'ivrognerie, surtout depuis la révolution.

Les habitans des montagnes du Cantal, ainsi que je l'ai déjà observé, doivent être pasteurs par la nature de leur sol ; ce genre d'exploitation exige moins de bras que le labourage et la culture de la vigne. Les familles y étant très - nombreuses, il y aurait beaucoup de bras sans emploi, si toute la population restait dans le pays. C'est ce qui a donné lieu, sans doute à l'émigration annuelle des habitans des campagnes. Les citadins restent au contraire dans leurs communes, pour y exercer des arts mécaniques.

Les premiers vont travailler dans différens pays : on en trouve dans toutes les communes de la République, et jusqu'en Hollande. Partout ils exercent les métiers les plus pénibles, parce qu'ils sont forts, sobres et dociles. Il y en a dans toutes les villes du royaume d'Espagne, qui y sont habitués : les uns sont

chocolatiers, d'autres chaudronniers; d'autres
ont formé deux sociétés , dont le commerce
est très-considérable. Elles sont protégées par
le gouvernement. Leur établissement rémonte
à l'époque où le duc d'Anjou monta sur le
trône d'Espagne. On est édifié de trouver
parmi leurs réglemens , que les ivrognes et
les joueurs incorrigibles en seront chassés.
Leur papier court dans toute l'Europe , sans
qu'il y ait eu encore d'exemple de protêt.
L'influance de la révolution française sur le
gouvernement espagnol avait dérangé le commerce des deux sociétés par les pertes qu'elles
avaient souffertes ; il s'est rétablit depuis.

Ceux qui se répandent sur le sol de la République , jouissent par-tout de la confiance
publique par leur fidélité. A force d'économie
et de sobriété , ils rassemblent quelque peu
d'argent , qu'ils rapportent tous les ans dans
leur famille pour leur donner du bien-être ,
et payer les impositions. Ils s'estiment heureux , lorsqu'ils peuvent suffire à l'un et à
l'autre.

Des Manufactures.

Nous n'avons point de manufactures. Aucun genre de nos productions ne serait propre à les alimenter. Nous avons cependant quelques papeteries, qui ne fabriquent que du papier commun. Le chiffon du pays n'est pas assez fin pour en fabriquer d'autre.

Il y avait autrefois deux ou trois usines pour le cuivre rouge ; je les crois encore en activité. On fait venir le cuivre du Piémont ou du département de Rhône-et-Loire.

N'ayant point de rivières navigables, et le roulage sur nos grands chemins étant très-pénible, par conséquent très - cher ; il ne me paraît pas possible qu'on nous importe des matières propres à être manufacturées, telles que du coton, etc. La difficulté du transport pour la vente, rendrait d'ailleurs ce bénéfice nul.

De l'Industrie.

Les habitans de la Planèse quittent en au-tomne leur pays, pour aller passer l'hiver dans les départemens du Gers, des Landes du Lot, etc. etc. Ils s'occupent, dans leur route, à racler une espèce de mousse qui croît sur les rochers graniteux, de couleur grise, dont le nom est *pérelle*. A leur retour, ils la vendent à des marchands de St.-Flour, qui la broient et la mêlent avec de la chaux; puis ils l'arrosent avec de l'urine fermentée : cette pâte prend une couleur rouge, au bout de huit ou dix jours. Ce mélange sert pour la teinture ; il est connu dans le commerce sous le nom d'*orseille*.

Nous avons trois branches d'industrie à Aurillac, assez considérables pour une commune du troisième ordre :

1º. On y fabrique beaucoup d'orfévrerie, qui se débite dans ce département ou ceux qui l'environnent. L'aisance dans laquelle vivent les orfévres, prouve le bénéfice qu'ils font.

2º. On y fabrique aussi une grande quantité d'ustensiles de cuivre. Les martinets, les usines, dont j'ai déjà parlé, fournissent la matière ; les chaudronniers la façonnent et l'envoient dans les départemens voisins.

3º. Les tanneurs, peaussiers, chamoiseurs y étaient autrefois en grand nombre. Ils avaient les cuirs et l'écorce de chêne en abondance.

Il s'est établi depuis quelques années, dans le département de l'Hérault, une fabrique qui emploie l'écorce du roube *ilex aculcata*. Cette écorce, beaucoup plus astringente que celles de nos chênes *quercus*, tanne beaucoup plus promptement ; il en faut une moindre quantité. Il fallait dix-huit mois de tems avec notre chêne ; il ne faut que trois mois avec le roube. Cette dernière manière de tanner, plus prompte et plus économique, a ruiné les tanneurs d'Aurillac. Ils achètent le cuir préparé des marchands du Languedoc, et leur vendent les cuirs du pays en bourre.

Du Commerce.

Les différentes classes des habitans d'Aurillac vivent dans l'aisance, parce qu'ils sont laborieux et industrieux ; ils font le commerce des fromages de nos montagnes ; c'est le plus considérable, celui du cuivre, et celui de l'orfévrerie. La position de cette commune au pied des montagnes, où l'on ne recueille point de vin, où l'on en boit beaucoup, y a établi un entrepôt considérable des vins de Cahors et du Limosin, que l'on vend aux montagnards.

Il faut une quantité considérable de sel pour saler nos fromages et pour donner aux bestiaux. Aurillac fait ce commerce presqu'en totalité. On va acheter le sel à Soulhac, département du Lot, où il remonte par la Dordogne, d'où on le conduit à Aurillac avec des chars tirés par des bœufs.

Le commerce des moutons gras que le Cantal fait avec les départemens de l'Hérault, des Bouches-du-Rhône et du Var, est aussi très-considérable.

Il a déjà été fait mention de celui des chevaux et des mulets. La monnoie d'Espagne, les quadruples que les sociétés dont j'ai parlé rapportent, font aussi une branche de commerce. Il y a trois ou quatre ans que les Espagnols, qui venaient acheter nos mulets, en répandirent une si grande quantité dans ce département, qu'elles suffirent pour payer les impositions ; le gouvernement donna ordre de les recevoir.

R E S U M É.

LES rapports sous lesquels le département du Cantal peut être utile au gouvernement, peuvent être réduits à cinq chefs : 1°. par ses productions territoriales ; 2°. par les animaux qu'il nourrit et qu'il élève ; 3°. par l'industrie de ses habitans ; 4°. par le commerce ; 5°. par leurs mœurs et leurs usages.

Malgré la dégradation des bois et des forêts, il reste encore beaucoup d'arbres propres au service de la marine pour la mâture et les coques : on peut en tirer partie, en les faisant flotter sur la Dordogne; ils arriveront, avec de la surveillance, jusqu'à Bordeaux.

Les herbages dont les montagnes se sont couvertes après la dégradation des forêts, sont aujourd'hui la principale source des richesses du département. Les vacheries qu'ils nourrissent nous donnent des jeunes bestiaux, des fromages, etc. Le chanvre que l'on y récolte nous donne une branche de commerce en toile, que l'on nous paye en argent.

Nous élevons une quantité considérable de bêtes à cornes : 1°. les vaches laitières composent les vacheries ; 2°. les génisses et les taureaux qu'elles produisent , que nous envoyons dans la majeure partie des départemens méridionaux ; 3°. les bœufs de labour , que nous fournissons aux départemens de l'Allier, de la Creuse , etc. ; 4°. les vieilles vaches et les vieux bœufs qui, après avoir été engraissés dans nos pacages d'engrais, sont conduits aux marchés de Sceaux et de Poissy , pour les boucheries de Paris.

Nous vendons les peaux de plus de 40,000 chevreaux aux négocians de la commune de Milhau, département de l'Aveyron, qui nous sont payés en argent. Cette ressource , toute minutieuse qu'elle paraît, nécessite la conservation des chèvres , parce qu'elle rejaillit sur la classe du peuple la plus pauvre.

Les brebis et moutons qu'on élève dans le Cantal , sont de la plus chétive espèce : on tenterait en vain de l'améliorer. Le gouvernement doit la laisser exister telle qu'elle est, par les raisons qu'on a déjà données.

Les chevaux du pays ne peuvent servir que pour les dragons et les troupes légères. L'établissement des haras est très-nécessaire ; on devrait même essayer des étalons et des jumens de race flamande, ou de celle du Holstein ; pour avoir des chevaux propres au charrois, au carrosse et pour la cavalerie.

Nos mulets servent pour le labour et le charroi du midi ; nous en vendons même aux Espagnols : on doit les multiplier autant qu'il sera possible.

Les ânes sont nécessaires au département de l'Hérault, des Bouches-du-Rhône, du Var, etc. Celui de la Corrèze leur en vend beaucoup, le Cantal très-peu : il serait facile d'encourager cette branche d'éducation.

Nous fabriquons une grande quantité de fromages ; c'est un de nos revenus le plus considérable : il pourrait être augmenté, et même amélioré. On a fait autrefois du *Gruyère* de bonne qualité dans le Cantal ; on pourrait en faire encore, au lieu de faire des *fourmes* de médiocre qualité. Il remplacerait le fromage de Hollande et le Gruyère que le gouvernement achète pour la marine.

Le peu de beurre que l'on retire du petit-lait, se consomme dans le pays.

On fabrique de l'orseille dans la commune de St.-Flour, connue dans le commerce sous le nom d'orseille d'Auvergne, ou orseille de terre. Quoiqu'elle soit inférieure à celle des Canaries, elle n'en est pas moins utile pour la teinture : c'est encore une branche de commerce.

Les communes d'Aurillac et de la Roquebron avaient autrefois des tanneurs, des corroyeurs, des peaussiers et des mégissiers, situés sur les rivières de Cère et de la Jourdane. Entourés de bois de chêne, qui leur fournissaient l'écorce, et de vacheries qui leur portaient des cuirs ; elles faisaient un commerce avantageux. Il est aujourd'hui presque anéanti. Le canton de St.-Flour en conserve encore une partie.

On y fabrique du cuivre, au moyen des martinets qui y sont établis. Les chaudronniers, qui le travaillent ensuite, en font un commerce lucratif.

Il y a aussi à Aurillac un certain nombre d'orfévres ; leur aisance est une preuve du bénéfice qu'ils font.

On vend une grande quantité de toiles grossières, que l'on fabrique dans les petites communes et les hameaux du bord méridional et occidental du département ; on les paie en argent. Ce serait un grand malheur pour ces

communes, si l'on venait établir une manu-
facture du même genre dans le pays , qui
achèterait le chanvre brut et le revendrait manufacturé aux habitans.

Voyez les différentes espèces de commerce
que fait le département. Nous vendons : 1°. nos
fromages aux départemens méridionaux ; 2°. nos
jeunes bestiaux aux départemens des Landes,
du Gers, de la Haute-Garonne , des Deux-
Sèvres, de la Vendée, etc. ; 3°. nos bœufs
de labour aux départemens de l'Allier, de la
Creuse, etc. ; 4°. nos vieux bestiaux gras aux
marchés de Sceaux et Poissy ; 5°. nos toiles
aux départemens de l'Hérault, du Var, des
Bouches - du - Rhône ; 6°. nos chevaux aux
troupes ; 7°. nos mulets aux départemens
méridionaux, aux Espagnols ; 8°. nos moutons gras aux boucheries de Toulon , Marseille, Nismes, Montpellier ; 10°. nous vendons du sel aux propriétaires des montagnes,
du vin à tout le département, que nous ache-
tons dans les départemens du Lot , de la
Corrèze et de l'Aveyron : ces deux branches
de commerce sont à notre désavantage. Nous
soldons en numéraire ; 11°. des peaux de
chevaux à la commune de Millau ; 12°. de

l'orseille à tous les départemens de la République , sur-tout à la commune de Lyon ;
13°. l'or que les sociétés de Crandelles rapportent d'Espagne, et qu'elles vendent aux
orfévres d'Aurillac, fait une branche lucrative
et considérable de commerce à lui seul.

Les habitans de nos communes sont forts
et robustes ; ils sont dans l'usage de s'expa-
trier. Le sentiment qu'ils ont de leur force
les porte à exercer les travaux les plus pénibles dans les départemens où ils vont.

Leur assiduité au travail , leur fidélité leur
font mériter la confiance de ceux qui les em-
ploient : ils sont très-attachés à leur culte ,
par conséquent très-soumis à leurs prêtres.

BRIEUDE , *Médecin* ,

Membre de la ci-devant Société Royale
de Médecine, l'un des auteurs de la
Nouvelle Encyclopédie.

ADDITIONS.

Le C. Biron , mon confrère et mon ami ,
m'a communiqué des observations, sur le bord
oriental du département du Cantal : en les
plaçant ici , je dois lui en faire hommage.

La Planèse , quoique située au pied de la
montagne du Cantal, doit être laissée à l'a-
griculture , parce que sa fertilité en seigle
préserve très-souvent de la disette le reste du
département.

Depuis la commune de Chaudes - Aigues
jusqu'à celle de Massiac , de même que dans
la Planèse jusqu'à celle de Murat, on fait
parquer pendant six mois avec le plus grand
succès , de nombreux troupeaux de bêtes à
laine. Outre le bénéfice qu'elles portent à
l'agriculture , leur laine alimente plusieurs
manufactures de serges et de cadis. On transporte les serges à Lyon , où on les teint pour
servir de doublure aux uniformes des troupes
de terre et de la marine.

Les habitans de la Planèse vont dans les
départemens des Deux-Sèvres et de la Vendée
acheter des jeunes mules de belle espèce ,

qu'ils élèvent chez eux jusqu'à l'âge de trois ou quatre ans ; ils les vendent ensuite aux Espagnols, avec les muletons de leurs cantons.

Quoique les ânes soient la monture la plus commune du département du Var, il y a cependant quelques mulets et même quelques chevaux, que le département du Cantal ne leur fournit point. On trouverait des bois propres à l'usage de la marine dans les forêts qui sont le long de la rivière de Trueyre ; mais ses bords sont si escarpés, qu'il n'est pas possible de les exploiter. Cette production précieuse est, par cette raison, perdue pour le gouvernement.

J'ignorais que les cantons de Chaudes-Aigues, de Saint-Urcisse, et même de Saint-Flour cultivassent le bled-sarrasin ; j'ai appris avec surprise qu'ils en sèment beaucoup, ainsi que de l'avoine et de l'orge. Ils mêlent la farine de ces grains avec celle de seigle, dont ils font du pain. Ce mélange n'est point connu dans les autres cantons du département ; on y est même persuadé que la farine de bled noir ne pourrait point former de pâte propre à faire du pain, quoique mêlée avec celle du seigle ; tant il est vrai que les connaissances les plus utiles restent souvent ignorées et ensevelies.

Les redevances d'orges, de seigle, d'avoine faisaient partie des droits féodaux. Le bled-sarrasin n'y a point été compris, parce que la culture de ce grain a été connue fort tard dans nos montagnes. Les habitans se nourrissent, de même que ceux des campagnes du reste du département, de laitage, etc. Ils n'ont que le pain composé d'orge, de sarrasin, d'avoine et de seigle, qui leur soit particulier.

Quoique le sol soit très-élevé dans cette partie du département, on y cultive avec succès dans les bas fonds abrités, les arbres fruitiers, le jardinage de toute espèce. La rave ou turneps, *rapa sativa rotunda*, réussit par-tout en plein champ.

Le lin croît en abondance dans le canton de Massiac ; il y est fort beau. Le chanvre réussit mieux dans la Planèse : l'une et l'autre plante fournissent beaucoup de toiles, que l'on vend aux foires de Clermont - Ferrand ; on leur donne, dit-on, la préférence sur celles du pays. Cette supériorité dépendrait-elle de la nature particulière du lin et du chanvre,

/de leur rouissage ou de la fabrication de la toile ?

Il y a des tanneurs et des corroyeurs dans les communes de St.-Flour et de Chaudes-Aigues, qui n'ont point éprouvé de pertes ainsi que ceux de la commune d'Aurillac ; leur commerce, au contraire, augmente chaque jour.

L'on porte des vins des départemens de l'Hérault, du Puy-de-Dôme, des côtes du Rhône, à St.-Flour et dans les environs.

On trouve de l'antimoine à Massiac.

Les habitans de la Planèse et des environs forment la race d'hommes la plus forte et la plus robuste de nos montagnes. Ils s'expatrient tous les ans, pour aller ailleurs exercer les métiers les plus rudes : ils vont exploiter les forêts, faire des fosses pour dessécher les terreins humides, scier les arbres, faire des planches dans les départemens méridionaux. Ils sont, à Paris, porteurs d'eau, forts de la halle, ou du charbon. De retour chez eux, ils reprennent l'agriculture, et ne repartent qu'après avoir fait leur récolte et leurs semailles pour l'année suivante.

Plusieurs grandes routes venant des départemens méridionaux , traversent celui du Cantal pour se joindre à celle du département du Puy-de-Dôme à Paris. Les unes le côtoient à l'ouest , et les autres à l'est. Parmi ces dernières , celle de l'Aveyron par la Guiole et Chaudes-Aigues n'est pas finie. Celle du département de l'Hérault traverse celui de la Lozère , passe par Mande et St.-Flour : cette dernière est bien dirigée ; c'est la plus fréquentée par les rouliers , quoiqu'elle ait des côtes très-pénibles.

Si toutes les routes des pays méridionaux étaient ouvertes par le département du Cantal , le commerce y gagnerait , parce qu'il y aurait économie de tems et de dépense pour les rouliers. Le même avantage se trouverait aussi pour les voyageurs : un coup-d'œil sur la carte de la République prouve cette vérité.

Le département du Cantal contient 385 lieues carrées , plus 1/2 lieue carrée ; la lieue de 2,000 toises : sur quoi l'on ne doit compter le développement des montagnes que par approximation.

La population est de 243 mille habitans ou environ.

Paris, le 12 thermidor an 10.

Le Ministre de l'Intérieur au cit. BRIEUDE, *Médecin.*

J'AI lu, citoyen, avec un grand intérêt, vos observations sur la chaîne des montagnes d'*Auvergne* ; elles renferment des faits jusqu'ici peu connus ou négligés. Ils me seront bien utiles, lorsque je pourrai rédiger le travail général qui m'occupe depuis longtems, sur l'état général de la *France*. Je desirerais fort avoir des notions aussi soignées sur tous les départemens. Ce n'est pas, cependant, que je partage entièrement votre opinion sur tous les points. Vous dites, par exemple, que ce serait une fausse spéculation de vouloir perfectionner vos moutons en y introduisant la race espagnole, ou celle des *Pyrénées-Orientales* ; parce que, dites-vous, l'essai ne réussirait pas ; que s'il réussissait, il serait nuisible.

Il me semble que ni dans le climat du pays, ni dans ses productions, rien ne s'oppose à l'introduction des bêtes à laine d'Espagne ou des *Pyrénées* ; que si l'on rencontre un obstacle dans les préjugés des habitans, il en était de même du reste de la France, et qu'on est parvenu à le surmonter dans quelques-uns ; il me semble encore qu'il y toujours à gagner pour un pays, et principalement dans l'état actuel de la société, à avoir les meilleures matières premières ; les échanges sont plus faciles et plus avantageux, les jouissances plus variées et plus douces.

Vous relevez une erreur, dans laquelle vous pensez que je suis tombé, en disant que nous avons envoyé en l'an 9 moins de bestiaux en *Espagne*. C'est un fait constant, que nous faisons passer toutes les années beaucoup de moutons en *Espagne*, et notamment des *Pyrénés-Orientales*. Un Mémoire que vient de publier le préfet de ce département, en serait la preuve, s'il en était besoin.

Malgré ces légères erreurs, je vous réitère, citoyen, avec plaisir, que votre ouvrage est très-utile, et vous en témoigne toute ma reconnaissance.

Je vous salue,

CHAPTAL.

Le citoyen BRIEUDE, *au Ministre de l'Intérieur.*

Citoyen Ministre,

Par votre lettre du 12 *thermidor*, vous avez la bonté de m'apprendre, combien vous êtes satisfait de mon essai sur la statistique des montagnes d'Auvergne. Votre suffrage me flatte infiniment, parce qu'il est le fruit de vos lumières.

Ce sera entrer dans vos vues, de répondre à deux objections que vous m'avez faites.

1°. Lorsque j'ai dit que nous n'envoyons point de bestiaux en Espagne ; je n'ai point entendu parler des bêtes à laine ; je n'ai eu en vue que les bœufs, les

vaches , etc. , dont certainement nous ne faisons aucun envoi dans ce pays. Mon erreur vient donc d'avoir
confondu les bœufs avec les moutons.

2°. Il serait à desirer , pour l'avantage de nos manufactures et du commerce , que l'on élevât dans tous
les départemens des bêtes à laine de belle race ; mais
le sol de tous les départemens est-il propre à faire
prospérer ces animaux ?

Voyez mon opinion sur celui du *Cantal*.

La grande quantité de bestiaux que nous élevons ,
ne laisse point de pacages vacans sur nos montagnes ,
où nous puissions conduire des bêtes à laine. Ce serait
d'ailleurs diminuer nos richesses, que de remplacer une
partie de nos vacheries par des troupeaux de bêtes à
laine. Une vache rapporte environ 120 liv. par an. Il
faudrait vingt bêtes à laine pour obtenir le même bénéfice. On courrait même le risque d'être forcé d'en
envoyer aux boucheries un certain nombre à la fin de
l'automne , parce qu'elles auraient pris trop de graisse
dans les pacages , et qu'on ne pourrait plus les conserver. Les antenois, qui prendraient trop de graisse,
seraient une perte réelle pour les cultivateurs.

De quelque utilité que soit l'éducation des bêtes à
laine , il faut nécessairement établir une balance pro-
portionnelle entre elle et celle des bestiaux ; parce
qu'il faut des bestiaux aux marchés de *Sceaux* , de
Poissy , aux boucheries de *Lyon* , etc. Il faut manger
avant de se vêtir.

Sur le bord méridional et occidental du département du *Cantal* , le sol est sablonneux , aride ; il n'y

croît que des bruyères, des genets, du jonc et un
peu d'herbe. Les prés y sont rares et de mauvaise
qualité. Les bestiaux y sont chétifs. Les bêtes à laine
y sont de la plus petite espèce, et presque toutes
noires. On y a croisé plusieurs fois cette race indigène,
sans succès, avec des beliers et des antenois pris dans
les départemens du *Lot* et de l'*Aveyron*. Ce serait
en pure perte qu'on le tenterait de nouveau.

Si l'on y réussissait, contre mon opinion, on rendrait un mauvais service aux pauvres habitans du
canton. Leurs draps seraient meilleurs si leurs laines
étaient perfectionnées. Mais ils doivent ignorer le luxe
dans leurs habits : il leur attirerait tôt ou tard une
augmentation d'impôts, dont ils sont déjà surchargés.

La beauté de leurs laines pourrait y faire établir des
manufactures, qui achèteraient leurs laines brutes,
pour les leur vendre manufacturées ; ce qui serait pis
encore.

Les montagnes d'Auvergne ne présentent que deux
points où la race des bêtes à laine puisse être perfec-
tionnee, quoiqu'elle y soit déjà belle ; ce sont la
Planèse, au pied de la montagne du *Cantal*, et les
environs de celle du *Puy-de-Dôme*. Le surplus doit
être cultivé de la manière dont je viens de le dire.

Salut et respect,

RIEUDE.

www.ingramcontent.com/pod-product-compliance
Lightning Source LLC
LaVergne TN
LVHW012012180726
843502LV00005B/1678